我問你答

幼兒

十萬個為什麼

人體健康篇

新雅文化事業有限公司

www.sunya.com.hk

使用說明

《我問你答幼兒十萬個為什麼》系列

分為人體健康篇、自然常識篇、生活科學篇及衣食住行篇四冊，讓爸媽帶領孩子走進各種知識的領域。爸媽在跟孩子一起閱讀這套書時，可以一問一答的形式，啟發孩子思考，提升他們的智慧！

① 先閱讀問題

② 再看看有什麼答案選項

③ 最後選擇答案

④ 翻到下一頁，便能知道答案

⑤ 還有 你知道嗎？ 環節，告訴孩子更多延伸知識

 升級功能

本系列屬「新雅點讀樂園」產品之一，備有點讀功能，孩子如使用新雅點讀筆，也可以自己隨時隨地邊聽、邊玩、邊吸收知識！

「新雅點讀樂園」產品包括語文學習類、親子故事和知識類等圖書，種類豐富，旨在透過聲音和互動功能帶動孩子學習，提升他們的學習動機與趣味！

家長如欲另購新雅點讀筆，或想了解更多新雅的點讀產品，請瀏覽新雅網頁 (www.sunya.com.hk) 或掃描右邊的QR code進入　新雅・點讀樂園　。

使用新雅點讀筆，有聲問答更有趣！

啟動點讀筆後，請點選封面 新雅・點讀樂園，然後點選書本上的問題、答案、解說等文字，點讀筆便會播放相應的內容。如想切換播放的語言，請點選各問題首頁右上角的 粵 普 圖示。當再次點選內頁時，點讀筆便會使用所選的語言播放點選的內容。

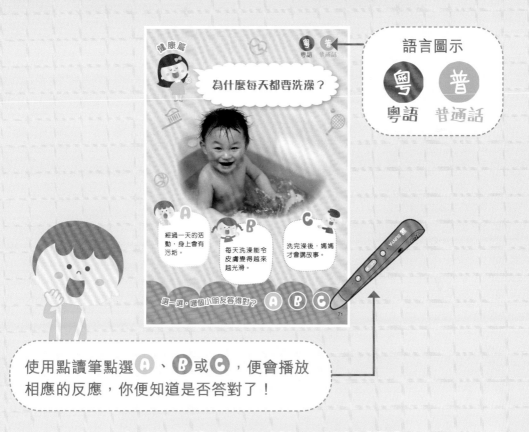

使用點讀筆點選 A、B 或 C，便會播放相應的反應，你便知道是否答對了！

如何下載本系列的點讀筆檔案

1 瀏覽新雅網頁(www.sunya.com.hk) 或掃描右邊的QR code 進入 新雅・點讀樂園。

2 點選 下載點讀筆檔案 ▶ 。

3 依照下載區的步驟說明，點選及下載《我問你答幼兒十萬個為什麼》的點讀筆檔案至電腦，並複製至新雅點讀筆裏的「BOOKS」資料夾內。

挑戰一：**人體篇**

挑戰二：健康篇

挑戰三：食物篇

人體篇

為什麼大腦能記住事情？

A 因為心臟會將已知的信息傳遞給大腦。

B 因為大腦中有像攝錄機的東西。

C 大腦的神經細胞對事物產生刺激，在大腦中留下了印象。

選一選，哪個小朋友答得對？

答案C

　　大腦由許多許多的神經細胞組成，人每天聽到或看到的事情會變成一種信號，對大腦的神經細胞產生刺激，在大腦中留下印象。刺激越強烈，大腦裏留下的印象就越深刻，大腦就是這樣把事情記住的。

你知道嗎？

　　人的大腦分為左右兩部分。左邊的大腦掌管右手；右邊的大腦掌管左手。

為什麼人會常常眨眼睛？

A 說謊時就會常常眨眼睛。

B 這是眼睛的一種自我保護能力。

C 因為喜歡做眼部運動。

選一選，哪個小朋友答得對？

Ⓐ Ⓑ Ⓒ

人體許多器官都有一種自我保護的能力，眨眼是其中的一種。對外間產生一些反應，眨眼的時候，眼淚能把眼球表面的微細灰塵洗掉。另外，眨眼也是眼睛休息的一種方式。平均來說，我們每分鐘眨眼 20 次。

你知道嗎？

人體中最不怕冷的器官是眼球。因為眼球上只有觸覺神經和痛覺神經，沒有感覺寒冷的神經，因此無論溫度降至多低，眼球也不會感到寒冷。

人體篇

為什麼早上起牀時眼睛會有眼垢？

那是眼睛裏流出的黏液，黏住了空氣中的灰塵。

那是臉上還未清洗乾淨的污垢。

睡覺時從天花板掉到眼角上的。

選一選，哪個小朋友答得對？  Ⓐ Ⓑ Ⓒ

睡覺的時候，從眼睛裏流出來的黏液，黏住了空氣中的灰塵，堆在眼角處，形成眼垢。

你知道嗎？

眼淚的用處是保護眼睛，它可以沖掉眼球表面的灰塵，保持眼球清潔，防止細菌滋長，還可以對眼球起滋潤的作用。

 人體篇

 粵語 普通話

為什麼在陽光下閉上眼睛仍能看到亮光？

A 因為眼睛閉不緊，光會溜進來。

B 這個亮光是眼球對光線的記憶。

C 眼皮有些透明，光線能透入眼內。

選一選，哪個小朋友答得對？ Ⓐ Ⓑ Ⓒ

答案C

　　人的眼皮是有些透明的，雖然閉上眼睛，但光線能透入眼內，所以仍能看到亮光。

你知道嗎？

　　眼球位於頜骨前部的眼窩裏，眼睛可以在眼窩裏轉動，所以我們能夠看到上下左右的東西。

粵語　普通話

為什麼不能剪掉眼睫毛？

A 眼睫毛被剪掉了就不會再生長。

B 剪掉了眼睫毛便不再漂亮。

C 剪掉眼睫毛，眼睛容易得各種疾病。

選一選，哪個小朋友答得對？

眼睫毛是用來保護眼睛的，它能防止灰塵、沙子、汗水等東西進入眼睛。如果眼睫毛被剪掉了，眼睛就失去了保護，容易得各種疾病。一根眼睫毛的壽命大概是 90 天。

你知道嗎？

眼瞼的作用和眼睫毛一樣，都是用來保護眼睛的。當遇到突如其來的危險時，眼瞼會自動合上，防止眼球受到傷害。

人體篇

為什麼鼻子能聞到氣味？

A
鼻子裏分布着嗅覺細胞，通過神經把聞到的氣味報告給大腦。

B
因為鼻毛能判斷氣味。

C
鼻尖有一個器官，能辨別氣味。

選一選，哪個小朋友答得對？

鼻子裏分布着許多嗅覺細胞，它們通過好像電話線一樣的神經，把聞到的氣味報告給大腦，大腦經過分析，就能靈敏地分辨出是什麼氣味了。

你知道嗎？

我們品嘗食物的味道不只是靠舌頭，還要結合嗅覺。當你嘗試閉着眼睛、夾着鼻子進食，會比較難確定所吃的是什麼，因氣味會影響着味覺。

人體篇

為什麼鼻孔裏會長有鼻毛？

A

為了識別氣味。

B

為了擋住灰塵。

C

為了阻擋鼻水流出來。

選一選，哪個小朋友答得對？

　　鼻孔裏的鼻毛對人體是很有用的，當人呼吸時，它會對空氣進行仔細過濾，把灰塵擋在外面，保證肺部和氣管的清潔，防止被細菌侵害。

你知道嗎？

　　有的人睡覺時喜歡用嘴巴呼吸，這是一個不好的習慣。因為這樣會讓細菌進入呼吸道，引致咽喉、氣管等生病。

人體篇

為什麼兒童要換牙？

A

因為糖吃多了，引致蛀牙，所以要換牙。

B

因為原來的牙齒不夠堅固，要換上更堅固的。

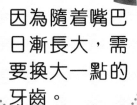

C

因為隨着嘴巴日漸長大，需要換大一點的牙齒。

選一選，哪個小朋友答得對？　

答案 C

　　從出生到六歲的兒童，由於嘴巴很小，所以牙齒就長得較小。當他們長大一點，頭顱和面骨也會成長，嘴巴亦開始漸漸長大，這時就需要換大一點的牙齒了，於是，原來的牙齒就開始脫落，長出一副大的牙齒。

你知道嗎？

　　兒童初生時長出的牙齒叫「乳齒」，共有20顆，大概在兩歲時就會全部長出。兒童成長期間逐步替換長出的牙齒叫「恆齒」，一般有28顆（不計算智慧齒）。

粵語　普通話

為什麼舌頭能嘗出不同的味道？

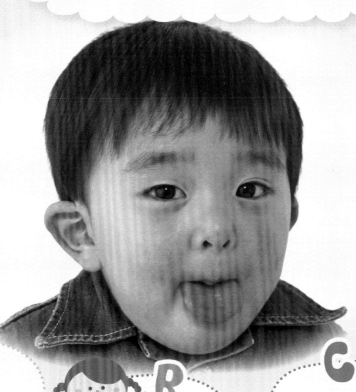

A 因為舌頭表面的味蕾能辨別各種不同的味道。

B 舌頭底部的細胞能辨別味道。

C 舌頭能分泌一種物質辨別各種味道。

選一選，哪個小朋友答得對？

舌頭的表面長有許多「味蕾」，它們能辨別出甜、酸、苦、鹹的味道。當味蕾把感覺傳到大腦後，舌頭透過大腦的信息就能分辨出不同的味道來。

你知道嗎？

舌頭除了可以嘗味道之外，還可以幫助我們吃東西和說話。

為什麼耳朵能聽到聲音？

A 因為兩隻耳朵是相通的。

B 因為耳朵裏有聽覺細胞將信息傳給大腦。

C 因為耳朵像漏斗，能收集聲音。

選一選，哪個小朋友答得對？

答案B

　　耳朵是人的聽覺器官，它包括外耳、中耳和內耳。外耳用來收集聲音和辨別聲音的方向，然後將聲音傳給中耳；中耳透過鼓膜的震動再將聲音送至內耳；內耳的聽覺細胞將信息傳送到大腦，大腦接收到信息後，人就能聽到聲音了。

外耳

內耳

中耳

你知道嗎？

　　耳垢的味道很苦，又是油膩膩的，如果有小蟲鑽進耳朵，嘗到苦味就會退出來；如果有灰塵吹進耳朵就會被黏住，所以耳垢有保護耳朵的作用。

胃的主要功用是什麼？

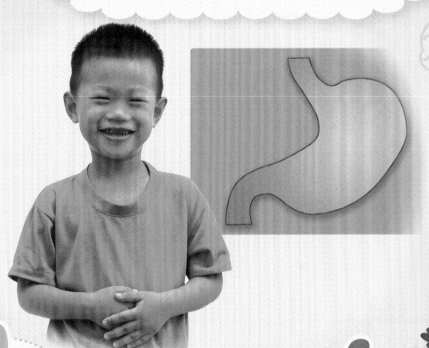

A 消化食物。

B 儲存食物。

C 吸收營養。

選一選，哪個小朋友答得對？

胃主要負責消化食物,它看上去像一個大茄子。當食物進到胃裏後,胃就開始一伸一縮地蠕動,把食物來回地搓揉,同時分泌許多很酸的胃液,使食物變得鬆軟易消化,然後被身體吸收。

你知道嗎?

食物經胃消化之後流進小腸,小腸負責吸收營養;消化不了的食物則會進入大腸,形成糞便,最後通過肛門排出體外。

為什麼肚子上會有肚臍兒？

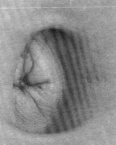

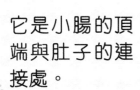

A

它是小腸的頂端與肚子的連接處。

B

它是身體的器官，用來堆積肚皮上的污垢。

C

它是臍帶剪去後留下的疤痕。

選一選，哪個小朋友答得對？

答案C

　　嬰兒在媽媽肚子裏的時候，是透過臍帶吸取養分的。嬰兒出生後就不再需要靠臍帶來吸取養分了，所以醫生會把臍帶剪斷。臍帶剪去後留下的疤痕便是肚臍兒。

你知道嗎？

　　一般來說，胎兒要在媽媽的肚子裏生長 10 個月才出來。但也有些胎兒 7 個月就生出來了，醫學上，這些嬰兒叫「早產兒」，他們需要特別小心護理。

粵語

普通話

為什麼鍛煉能使肌肉發達？

A
鍛煉能使肌肉得到豐富的營養。

B
鍛煉能消除脂肪，看起來肌肉就比較發達。

C
鍛煉能使肌肉內的細胞增多，看起來更發達。

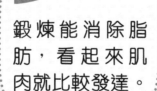
選一選，哪個小朋友答得對？

Ⓐ Ⓑ Ⓒ

答案A

　　一個人平時的肌肉活動強度小，需要的能量和血液循環也少。經常鍛煉能使肌肉中的微血管大量開放，加快新陳代謝，肌肉從血液中得到豐富的營養物質，使肌肉纖維組織變粗，這時看上去人的肌肉就顯得粗壯發達了。

你知道嗎？

　　人能做出各種的動作，主要是靠「肌肉骨骼系統」的密切合作。這個系統的成員包括肌肉、骨關節、肌腱和韌帶。

粵語　普通話

為什麼浸熱水浴的時候皮膚會變紅？

A

被搓紅的。

B

因為過敏，所以皮膚變紅。

C

當皮膚遇熱，血液會快速地流向皮膚的表面，看起來紅紅的。

選一選，哪個小朋友答得對？

答案C

　　皮膚遇熱時，皮下的微血管會微脹起來，加速血液的流動，因為血液快速地流向皮膚的表面，所以皮膚的表面看起來會紅紅的。

你知道嗎？

　　皮膚吸收水分後會隆起，隨後迅速還原。這吸水及隆起的過程，於皮膚最表層發生，當外層細胞吸水膨脹，導致皮膚表面積增大，但內層細胞的膨脹較小，所以外層皮膚在擠壓之下伸展並變皺。

為什麼有些人皮膚黑，有些人皮膚白？

A 這跟人的喜好有關。

B 因為抹了不同顏色的面霜。

C 這和人的種族以及受太陽光照射的程度有關。

選一選，哪個小朋友答得對？

答案C

一個人的膚色跟他的種族或受陽光照射的程度有關。白種人的皮膚是白色的，黑種人的皮膚是黑色的。經常曬太陽或在戶外工作的人皮膚比較黑；很少曬太陽的人皮膚會比較白。

你知道嗎？

人的皮膚裏有一種叫黑色素的東西，皮膚的顏色取決於黑色素的多少。黑色素多，膚色會比較黑；黑色素少，膚色會比較白。

人體篇

為什麼每個人的指紋都不一樣？

因為每個人的身體胖瘦和高矮不同。

因為每個人的遺傳基因不同。

因為每個人都自己設計指紋，所以不一樣。

選一選，哪個小朋友答得對？

每個人在媽媽的肚子裏時,指紋就已經形成。由於每個胎兒的遺傳基因不同,所以每個人的指紋也不一樣。世界上沒有兩個指紋完全相同的人。

你知道嗎?

人的指紋終身不會改變,即使皮膚受磨損、脫皮燙傷,新長出來的皮膚仍然會長出原來指紋的圖案,所以指紋能幫助確認個人身分。

粵語　普通話

為什麼成人的骨頭數量反而比嬰兒少？

A 因為骨頭自己慢慢退化了。

B 因為一些小骨頭漸漸長在一起。

C 因為骨頭自己突然消失。

選一選，哪個小朋友答得對？

嬰兒剛生下來的時候，有超過 270 根骨頭。
隨着嬰兒成長，一些很小的骨頭漸漸長在一起。
到成人的時候，變成只有 206 根，所以骨頭數
量反而少了。

你知道嗎？

人體裏的骨頭分為平骨、長骨和短骨三大類。
人類的脊柱由 33 節脊椎骨組成。頭蓋骨則由
數塊平骨組成。

人體篇

為什麼指甲剪了又會再長？

A

指甲中的物質會隨着人的不斷成長而生長。

B

因為指甲有生命，所以會自己生長。

C

被水泡過就會變長。

選一選，哪個小朋友答得對？

指甲是由一種角蛋白組成的，角蛋白隨着人體的新陳代謝會不斷產生出來，所以指甲會不斷地生長。

你知道嗎？

手指甲的生長速度大概是每天長 0.1 毫米，也就是說，一個月能長 3 毫米。指甲上沒有神經細胞，所以剪指甲時不會感到疼痛。

為什麼有些人長得高，有些人長得矮？

A 是神的安排。

B 人的高矮和遺傳、營養及身體鍛煉等因素有關。

C 與照射陽光的多少有關。

選一選，哪個小朋友答得對？

45

答案 B

　　人的高矮決定於遺傳、營養及身體鍛煉等因素。一般來說，父母長得高，孩子也會較高；父母個子矮，孩子也會較矮。不過，如果從小就加強營養，並注意身體鍛煉，即使父母個子矮，孩子也會長得較高。另外，睡得好也可以促使孩子長得高，因為兒童熟睡時的生長速度比醒着時快三倍。

你知道嗎？

　　人在早上會比晚上高一點，因為日間的活動使脊椎骨緊靠在一起，令脊柱變短了；休息一夜後，脊椎骨放鬆了，脊柱變長，人便高一點。

人體篇

粵語

普通話

為什麼天氣熱的時候會流汗？

A 為了散發體內的熱量。

B 水喝多了，從毛孔中排出來。

C 因為皮膚表層的水氣太重，凝結成了汗水。

選一選，哪個小朋友答得對？

答案 A

流汗是為了散發身體內的熱量。天氣很熱時，人的體溫也會跟着升高。流汗把人體內多餘的熱量散發出來，體溫就不會隨着氣溫升高了。

你知道嗎？

除了天氣熱會令人流汗之外，吃辛辣的食物也會令人出汗。這是因為辛辣的食物可使血管擴張，血液循環加快，令毛孔開放，促使汗液排出。

人體篇

粵 普
粵語 普通話

為什麼睡覺的時候會做夢？

因為太累了。

其實睡覺的時候，大腦還沒有真正的休息。

因為小腦還在活動。

選一選，哪個小朋友答得對？

49

　　人在睡覺的時候，雖然身體在休息，但是大腦還沒有真正的休息，大腦有時會將人們白天經歷過的事情、看到或想到的事物進行一種整理活動，這就是做夢。

你知道嗎？

　　有的人會在睡夢中起牀行走，這便是人們所説的「夢遊」了。這種現象常常發生在人快要醒來的時候，但當他們醒來後，卻不記得發生過的事。

粵語　普通話

為什麼剃光頭會感覺涼快？

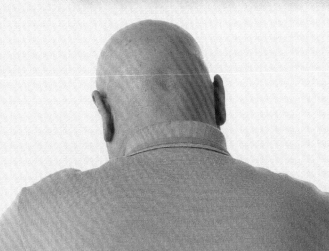

A
頭皮可以與空氣直接接觸，會感覺涼快。

B
水直接滴到頭皮上，感覺特別涼快。

C
因為頭髮是有溫度的，沒有了頭髮，頭皮的溫度就下降了。

選一選，哪個小朋友答得對？

51

答案A

人的頭髮像衣服般有保暖和遮擋寒風的作用，剃光就如同脫掉衣服，頭皮與空氣直接接觸，所以會感覺涼快。

你知道嗎？

一般人的頭髮每個月大概長12毫米，每根頭髮的壽命一般是3年，然後舊的頭髮脫落，新的頭髮長出來。

健康篇

粵語 普通話

為什麼人會打噴嚏？

因為有人想念你。

將一些讓人不舒服的東西趕出鼻腔。

讓別人知道你感冒了。

選一選，哪個小朋友答得對？

　　人類鼻子的黏膜上有許多感覺靈敏的神經細胞，當我們吸入的空氣中帶有灰塵、辣味等刺激物時，人就會不自覺地打噴嚏，把這些刺激物趕出去，這是人體一種自我保護的本能。

你知道嗎？

噴嚏裏有許多細菌，因此打噴嚏時要用手掩着嘴巴和鼻子，防止細菌擴散，更不要對着別人打噴嚏。

為什麼人會打呵欠？

A 讓下巴做運動。

 **B** 吃了某種帶刺激性的食物所引起的。

 **C** 因為身體感到疲倦。

選一選，哪個小朋友答得對？

答案C

　　當人感到疲倦或長時間坐着不動時就會打呵欠，這是人體的自我保護信息在告訴我們：該休息了。因為人疲倦時身體需要更多的氧氣，打呵欠可以吸入氧氣，從而減輕疲勞。

你知道嗎？

　　除了人會打呵欠外，還有一些動物，例如貓、狗、猴子等也會打呵欠。

為什麼灰塵進了眼睛時不能用手揉眼睛？

A
因為會把手上的細菌帶進眼睛。

B
以免阻擋灰塵隨着淚水流出來。

C
因為這樣眼睛會很痛。

選一選，哪個小朋友答得對？

　　眼睛裏的眼球部分比較薄弱，當你用手揉眼睛的時候，眼睛裏的灰塵就會與眼球磨擦，容易損害眼球，而且還會把手上的細菌帶進眼睛裏。最好的處理方法是把眼睛閉上一會兒，讓淚水把細小的灰塵沖出來。

你知道嗎？

　　科學家經過化驗分析後發現，人的淚水中百分之九十九是水，百分之一是鹽。眼淚裏的鹽有殺菌和消毒的作用。

健康篇

為什麼給蚊子叮了後皮膚會感到痕癢？

A 蚊子的毒素留在人體，讓人感到痕癢。

B 被蚊子叮的傷口在癒合，因此會感到痕癢。

C 被蚊子叮咬的地方留着蚊子吸血用的管子，讓人感到痕癢。

選一選，哪個小朋友答得對？

蚊子的嘴巴又尖又細，刺入人體的皮膚吸吮血液時，牠會把毒素留在人體內。由於毒素發揮作用，被叮咬過的地方便會出現腫塊，並且發癢。

你知道嗎？

蚊子會不停地吸人和動物的血，傳播疾病。有些地方有很多人患上瘧疾，就是因為蚊子將瘧疾的細菌傳播開去。

為什麼聽音樂不要太大聲？

A 太大聲的話，音樂的音質會變差。

 **B** 音樂太大聲，會損壞播放器。

 **C** 音樂太大聲，會對人的聽覺造成損害。

選一選，哪個小朋友答得對？

答案C

聲浪太大會令耳膜受刺激，如果長期處於
充滿噪音的環境，會對人的聽覺造成損害，嚴
重的還會令人精神不安和血壓上升。

你知道嗎？

耳朵除了可以讓我們聽到聲音外，還可以幫助
我們的身體保持平衡。

為什麼耳朵裏會有耳垢？

A 因為蚊子將大便拉在耳朵裏。

B 耳朵裏的東西黏住進入耳朵的灰塵和異物而形成的。

C 那是耳朵的皮膚脫落所留下的死皮。

選一選，哪個小朋友答得對？ Ⓐ  Ⓑ Ⓒ

答案 B

　　人的耳朵裏有一種油膩膩的東西，它會把進入耳朵的灰塵及異物黏住，這些混着灰塵的東西就是耳垢。因為耳垢有保護耳朵的作用，所以不要隨便挖它。

你知道嗎？

　　如果游泳或洗頭時耳朵進了水，可以先歪着頭，讓進了水的耳朵向下，然後用同一側的腳作支撐，單腳跳令水流出來；或把棉花棒伸進耳朵，把水吸到棉花棒上。

為什麼吃糖果會蛀牙？

A 因為糖分裏含有一種細菌，會吞食牙齒。

B 牙縫中的糖分會變成一種物質侵蝕牙齒。

C 因為糖果太硬了，會磕壞牙齒。

選一選，哪個小朋友答得對？

答案 B

　　在我們的口腔裏，存在着許多看不見的細菌，而這些細菌會找藏在牙縫裏的東西作為食物，同時它們會將遺留在牙縫中的糖分變成一種叫「乳酸」的物質。乳酸會侵蝕我們的牙齒，形成蛀牙。

你知道嗎？

　　經常刷牙能減少寄居在牙齒上的有害細菌，減少蛀牙的機會。小朋友，記住每天早晚都要刷牙啊！

為什麼要經常更換牙刷？

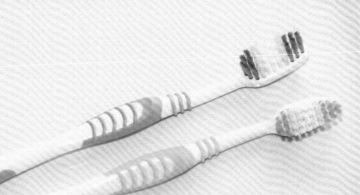

A 牙刷的質量不夠好，很容易刷壞。

B 讓牙齒適應不同的牙刷。

C 牙刷用久了，刷毛底部會有髒東西。

選一選，哪個小朋友答得對？

答案C

　　牙刷用久了，刷毛會慢慢倒下來。而刷毛底部也藏着一些髒東西，這些髒東西會形成細菌，當刷牙的時候，細菌便有機會走進我們的身體，使我們生病，所以要定時更換牙刷。

你知道嗎？

　　保養健康的牙齒，除了飯後應該用牙線、牙刷和牙膏來清潔牙齒外，還要減少吃含糖分的食物。因為這些食物對牙齒有害，容易造成蛀牙。

為什麼每天都要洗澡？

A 經過一天的活動，身上會有污垢。

B 每天洗澡能令皮膚變得越來越光滑。

C 洗完澡後，媽媽才會講故事。

選一選，哪個小朋友答得對？ A B C

答案 A

　　人經過一整天的活動，皮膚上積聚了油、汗和灰塵，這些東西混在一起便成了污垢，容易引起皮膚發癢。所以人們要每天洗澡，把污垢洗掉，令身體清潔、舒服。

你知道嗎？

　　皮膚像一件脫不掉的衣服，包裹着我們的身體，保護我們的身體內部，並把細菌和髒東西隔在外面，它還有調節體溫的功用。

為什麼要經常剪指甲？

A 指甲太長，細菌和污垢容易藏在指甲縫裏。

B 指甲太長容易抓傷皮膚。

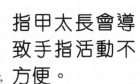

C 指甲太長會導致手指活動不方便。

選一選，哪個小朋友答得對？

指甲太長，細菌和污垢便容易藏在指甲縫裏。指甲縫裏的污垢較難清潔，也不美觀，所以小朋友要經常剪指甲，保持清潔衞生。

你知道嗎？

指甲有兩個用處：一是保護手指；二是便於工作。人的手指能夠靈活地寫字、拿東西，都是靠指甲的支撐。

粵語　普通話

為什麼進食前要先洗手？

A

進食前洗手才不會把髒東西吃進肚子裏。

B

進食前洗手，可以吃更多的東西。

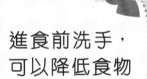

C

進食前洗手，可以降低食物的温度。

選一選，哪個小朋友答得對？　　Ⓐ　Ⓑ　　Ⓒ

答案A

　　我們每天用手觸摸不同的物件，手上會沾染物件上的灰塵和細菌，所以在進食前要先洗手，這樣才不會把手上的髒東西一併吃進肚子裏，引致生病。

你知道嗎？

　　細菌是十分微小的生物，我們用眼睛是不能看見的，但它卻無處不在，所以要注意日常的清潔和衛生。

健康篇

為什麼我們要吃不同種類的食物？

A
為了品嘗不同的味道。

B
補充各種各樣的營養。

C
知道哪種食物最好吃。

選一選，哪個小朋友答得對？

答案B

　　身體的成長需要各種各樣的營養，例如：蛋白質、脂肪、碳水化合物、維他命、鐵質和鈣質等，這些營養來自不同種類的食物。如果我們只偏吃某一類食物，就會影響身體的成長，甚至會降低身體抵抗疾病的能力。

你知道嗎？

　　人吃飽後，大量血液會進入胃和腸道幫助消化食物，身體裏其他部分的血液就減少了。大腦是很敏感的器官，血液一減少，人就覺得想睡覺了。

粵語　普通話

為什麼多吃巧克力對身體沒有益處？

A

巧克力所含的營養不能滿足小朋友成長發育的需要。

B

巧克力吃多了會拉肚子。

C

巧克力吃多了皮膚會變黑。

選一選，哪個小朋友答得對？

　　巧克力中雖然含有牛奶、脂肪和糖，營養較豐富，但它所含的營養不能滿足小朋友生長發育的全部需要，而且吃得太多會影響食慾，過量的脂肪和糖還會導致身體變胖，所以多吃巧克力對身體沒有益處。

你知道嗎？

　　牛奶裏的鈣質和巧克力裏的草酸結合在一起，就形成一種叫草酸鈣的東西，不容易被身體吸收。因此最好把巧克力和牛奶分開時間來吃。

為什麼晚上要睡覺？

A 只有睡着了，才能做夢。

B 晚上休息可以幫助消除疲勞。

C 晚上沒有人陪自己玩了。

選一選，哪個小朋友答得對？

人經過了白天的活動後，身體會覺得疲累，晚上睡覺可以讓身體得到充分的休息，消除疲勞，恢復體力。

你知道嗎？

在眾多的睡覺姿勢中，向右側睡的方式最好，因為人的心臟在胸腔左面，向右側睡能減輕心臟負擔，使全身肌肉放鬆，令身體得到充分的休息。

為什麼睡覺的時候不要用被子蓋着頭？

被窩裏的空氣不流通，有礙呼吸。

這樣會做噩夢。

被子容易變髒。

選一選，哪個小朋友答得對？

83

　　睡覺的時候用被子蓋着頭，被窩裏的空氣就不能流通，令人無法吸到新鮮空氣，而人體呼出的二氧化碳卻積聚在被窩裏，令人感到不舒服，所以睡覺的時候被子蓋至頸部已經足夠了。

你知道嗎？

　　人在最熟睡的時候會發出鼾聲，只要把他輕推一下改為側睡，鼾聲就會停止了。

粵語　普通話

為什麼運動對身體有益？

A 運動後，能吃更多的食物。

B 運動會讓人變得聰明。

C 運動能讓身體更強壯。

選一選，哪個小朋友答得對？ Ⓐ Ⓑ Ⓒ

答案C

　　多做運動可以促進血液循環，有效地讓血液內的養分運送至身體各部分，並能增強心肺功能。除此之外，運動對骨骼和肌肉的發展也很有幫助，能鍛煉耐力之餘，也能讓關節更靈活。

你知道嗎？

　　人在劇烈運動後，如果馬上喝大量的水，只會增加排汗，使血液中的鹽分大量流失，還會加重心臟負擔，所以運動後最好喝些淡鹽水。

為什麼飯後不可以立即做劇烈運動？

A 飯後立即運動，肚子會痛。

B 飯後立即運動，很快就會餓了。

C 飯後立即運動會妨礙食物的消化和吸收。

選一選，哪個小朋友答得對？

答案C

　　吃飯後，人的腸胃裏裝滿了食物，消化系統需要較多的血液來幫助消化。如果這時做劇烈運動，會讓血液分散到肌肉中去，妨礙食物的消化和吸收，影響身體健康。

你知道嗎？

　　運動的時候，由於肌肉需要從血液中得到額外的氧氣和養料，心臟便會加快血液的運送速度，所以，運動時我們會感到心跳加快。

為什麼出汗後會感到口渴？

A
身體裏的水分變成汗水流出，所以會感到口渴。

B
呼氣過多，所以會感到口渴。

C
因為出汗後沒有喝汽水。

選一選，哪個小朋友答得對？

答案A

　　汗是身體的水分，出汗就是身體裏面的水分流失了，所以我們會感到口渴。這時，我們需要喝水來補充身體失去的水分。

你知道嗎？

　　一個人全身皮膚的表面大概有 200-500 萬條汗腺，大汗腺長在腋窩等地方，小汗腺則布滿全身。汗水就是從這些汗腺裏排出來的。

為什麼發燒時要多喝水？

A

為了增加唾液的分泌。

B

喝水後尿液多，可以帶走身上的毒素。

C

因為太熱了。

選一選，哪個小朋友答得對？

當人生病發燒時，身體內的病菌會不斷地放出毒素，危害健康。如果這時多喝水，人的小便就會多起來，大量排出的尿液就會把毒素帶走。另外，多喝水後，人就會易出汗，使身上的熱量容易散發，這樣便能使體溫降下來。

你知道嗎？

吃藥時要喝水，一方面可以幫助藥物順利地嚥下，另一方面，在胃腸裏，水對藥物起到稀釋和溶解的作用，便於身體對藥物的吸收。

健康篇

為什麼醫生看病的時候通常先看看喉嚨？

A 看看喉嚨的扁桃腺有沒有發炎。

B 先看看有沒有蛀牙。

C 因為喉嚨發癢。

選一選，哪個小朋友答得對？

答案 A

　　其實醫生是在看喉嚨裏面的扁桃腺有沒有發炎。因為扁桃腺是人體的一道「大門」，如果扁桃腺發炎，就容易引發其他疾病。

你知道嗎？

　　由於嘴唇的外皮很薄，而且有許多血管通到這裏，外皮下流動的血就會透出來，因此嘴唇是紅色的。

為什麼不要穿太大或太小的鞋子？

A

鞋子太大，會容易絆倒；鞋子太小，會令腳部受損。

B

因為太大或太小的鞋子不好看。

C

穿太大的鞋子會變成巨人。

選一選，哪個小朋友答得對？

鞋子太大或太小都不適合穿。如果鞋子太小，會影響腳部的發育，以及令腳部受損；而鞋子太大，走路時會容易失去平衡而絆倒。所以我們選鞋子的時候要選擇大小適中的。

你知道嗎？

芭蕾舞鞋和一般的鞋子有些不同，芭蕾舞鞋是用緞帶做的，並在前端加了硬襯，這樣舞蹈演員便能用「腳尖」跳舞。

粵語
 普通話

為什麼不能戴別人的眼鏡？

 **A**

戴別人的眼鏡，
眼睛會痛。

B

因為是別人的
東西。

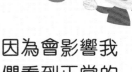 **C**

因為會影響我
們看到正常的
影像。

選一選，哪個小朋友答得對？ Ⓐ  Ⓑ Ⓒ

答案C

我們能看清楚周圍的事物，是因為影像投射在眼球正確的位置。患有近視或遠視的人，因為影像投射在眼球的位置有偏差，所以需要配戴眼鏡來矯正。如果我們戴了別人的眼鏡，便會影響原來能看見的正常影像，還會令我們產生暈眩的感覺。

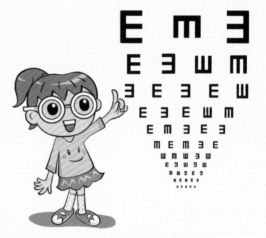

你知道嗎？

胡蘿蔔、蘋果都是對眼睛有益的食物。想有健康眼睛，除注意飲食外，閱讀時還要有充足的光線，與書本保持適當的距離，以及讓眼睛有充足的休息。當然還要少看電視或電腦屏幕。

食物篇

粵語　普通話

為什麼要常吃蔬菜？

A

蔬菜能提供
水分。

B

蔬菜比較便宜。

C

蔬菜能提供豐
富的維他命、
礦物質和纖維。

選一選，哪個小朋友答得對？

答案C

　　蔬菜能為我們提供豐富的維他命、礦物質和纖維，這些營養物質都是我們人體不可缺少的。小朋友的身體正在成長階段，這些營養物質更不能缺少。

你知道嗎？

　　蔬菜中的纖維能幫助人體消化及防止便秘。蔬果含有豐富的維他命和礦物質，包括維他命C、葉酸以及鉀質。一般而言，蔬果都是低脂肪、低卡路里的食物，有助我們維持適當體重。

為什麼要多吃魚？

A

因為魚肉香甜可口。

B

魚的蛋白質含量高，容易被人體吸收。

C

魚吃多了，就可以像魚兒那樣在水中游來游去。

選一選，哪個小朋友答得對？

　　魚的蛋白質含量高，質量好，容易被人體
吸收。營養學家認為，魚肉含有磷質，能幫助
人體發育和提高兒童的智力。

你知道嗎？

　　世界上游得最快的魚是旗魚。當牠快速游動時
會把身上的大背鰭藏起來，以減少水的阻力。
旗魚最快的速度可達每小時 100 公里以上。

食物篇

為什麼雞蛋最好煮熟才吃？

A
吃生雞蛋容易感染疾病。

B
生雞蛋太腥了，不好吃。

C
生雞蛋殼沒有熟雞蛋殼那麼容易剝。

選一選，哪個小朋友答得對？ A B C

因為母雞在生蛋的時候，可能會把雞糞沾在蛋殼上，細菌可從蛋殼的氣孔進入蛋內，我們把生雞蛋吃了便有可能感染沙門氏菌，嚴重的會出現腹痛、嘔吐和肚瀉。另外，生吃雞蛋會影響營養的吸收，所以最好把雞蛋煮熟才吃。

你知道嗎？

由於人的消化能力有限，吃過多的雞蛋會容易引致消化不良，出現肚子脹的現象，所以我們每天吃一個雞蛋便足夠了。

食物篇

為什麼不可以只喝牛奶
而不喝開水？

A

因為牛奶比開
水昂貴。

B

牛奶沒有開水
那麼容易獲得。

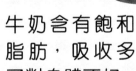
C

牛奶含有飽和
脂肪，吸收多
了對身體不好。

選一選，哪個小朋友答得對？

答案C

　　雖然牛奶含有豐富的營養，但是也不能把牛奶當開水來喝。因為這樣會吸取過多的飽和脂肪，對身體產生不良的影響。

你知道嗎？

　　牛奶能製成多種不同的奶類食品。牛油、芝士和乳酪等都是由牛奶製成的。

食物篇

 粵 粵語

 普 普通話

為什麼喝鮮果汁比喝紙盒裝果汁好？

A
鮮果汁看上去比紙盒裝果汁顏色鮮豔。

B
鮮果汁保留了水果大部分的營養成分。

C
鮮果汁可以自由搭配口味，紙盒裝果汁口味單一。

選一選，哪個小朋友答得對？

答案 B

　　一般的紙盒裝果汁只加入少量的鮮果汁，大部分的材料是水和糖，另外還加了人造色素、調味劑等，營養價值低，對身體沒有益處。而鮮果汁則保留了水果中大部分的營養，對身體有益。

你知道嗎？

　　不同的鮮果汁對身體有不同的療效，例如蘋果汁可以調理腸胃，預防高血壓及促進腎機能。

食物篇

為什麼不可多吃糖果？

A

吃多了會想睡覺。

B

糖果太甜，吃多了會影響味覺。

C

吃多了，會變胖和蛀牙。

選一選，哪個小朋友答得對？

糖果大部分的成分是糖、色素等，營養成分低，吃過多的糖果會變胖和蛀牙。

你知道嗎？

糖除了可以從甘蔗中提煉出來之外，還可以從一種叫甜菜的植物中提取。

食物篇

為什麼吃冰淇淋會容易變胖？

A
冰淇淋中含有大量的糖和脂肪，令身體發胖。

B
冰淇淋會把肚皮撐得大大的。

C
冰淇淋會在肚裏發酵脹大。

選一選，哪個小朋友答得對？ A B C

答案A

　　雖然冰淇淋含有許多營養，如蛋白質、維他命C等，但由於冰淇淋同時亦含有大量的糖和脂肪，容易使人發胖，所以不宜多吃。

你知道嗎？

　　把奶油、雞蛋、糖和香料混在一起冷藏，在它還沒有凝固成冰粒之前，把它攪拌得鬆軟嫩滑。這樣便做成美味的冰淇淋了。

為什麼不能天天吃漢堡快餐？

A 天天吃，會長得像個漢堡。

B 因為它的脂肪、糖分和含油量高，多吃有損健康。

C 因為經常吃會容易膩。

選一選，哪個小朋友答得對？

漢堡快餐大部分都是脂肪和糖分高的食物，而且含油量高，多吃會有損健康。此外，套餐中主要以肉類和五穀類為主，很少有蔬果類的食物，成長中的兒童不能從套餐中吸取均衡的營養，而且長期吃也容易引致消化不良。

你知道嗎？

漢堡肉餅是從俄國帶入德國的，後來經過德國漢堡市的人改良，將絞碎的肉做成又圓又扁的形狀煎來吃，所以名為漢堡肉餅。

粵語　普通話

為什麼胡蘿蔔是橙紅色的？

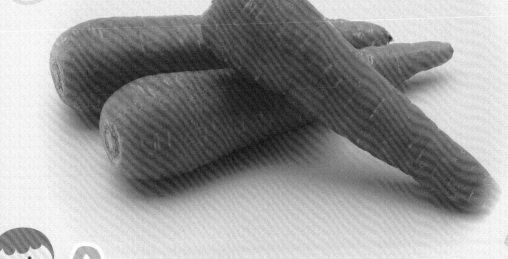

A
因為被注入了橙紅色的藥水。

B
是被太陽曬紅的。

C
因為含有胡蘿蔔素。

選一選，哪個小朋友答得對？

答案C

胡蘿蔔裏含有一種橙紅色的物質，叫「胡蘿蔔素」。其他植物中也含有胡蘿蔔素，但是胡蘿蔔所含的分量特別多，所以胡蘿蔔的顏色最鮮明，是橙紅色的。

你知道嗎？

多吃胡蘿蔔可以減低患眼疾的機會，而且可以預防眼部機能退化。

為什麼有些蘑菇是不能吃的？

A

因為有些蘑菇永遠煮不熟。

B

有些蘑菇太貴，吃不起。

C

有些蘑菇有毒。

選一選，哪個小朋友答得對？

答案C

　　很多蘑菇都可以吃，而且它們有很豐富的礦物質和纖維，味道鮮美。但是有的蘑菇卻含有毒物質，尤其是那些顏色鮮豔的蘑菇，很可能是有毒的，吃了會使人中毒，所以千萬不要撿拾野生蘑菇來吃。

你知道嗎？

　　蘑菇是屬於菌類，喜歡潮濕的環境，在腐爛的木頭上最容易生長。現在，很多蘑菇都是人工培植出來的。

為什麼馬鈴薯長了芽便不能吃？

A 長了芽的馬鈴薯要拿來當種子。

B 長了芽的馬鈴薯味道特別苦。

C 長了芽的馬鈴薯會產生有毒的物質。

選一選，哪個小朋友答得對？

答案C

當馬鈴薯的表皮出現青綠色及長了幼芽時，就會產生一種有毒物質，吃了會使人嘔吐、發冷、全身無力，嚴重時甚至引致死亡。

你知道嗎？

把馬鈴薯放在陰涼的地方收藏，例如放在有蓋的膠桶子裏，不讓它長期曝光，可以避免馬鈴薯的表面發青及發芽。

粵語 普通話

為什麼未成熟的青番茄不能吃？

A

吃了青番茄可能引致中毒。

B

青番茄的味道特別苦。

C

青番茄太硬了，吃不了。

選一選，哪個小朋友答得對？ **A** **B** **C**

未成熟的青番茄中含有一種物質叫「生物鹼」，這種物質會使番茄產生有毒物質，我們吃了口腔會感到苦澀，嚴重的可引致中毒。但在成熟的紅番茄中則沒有這種物質，我們可以放心食用。

你知道嗎？

番茄生長初期，表皮上的葉綠素會使它看上去呈現綠色。當漸漸成熟時，葉綠素減少，番茄裏的「番茄紅素」增多，番茄就會變成紅色了。

粵 普 粵語 普通話

為什麼蓮藕中間會有一個個的小洞？

A 這樣看起來比較漂亮。

B 這些小洞是蓮藕用來呼吸的氣孔。

C 為了方便吸收更多水分。

選一選，哪個小朋友答得對？

蓮藕的小洞是它用來呼吸的氣孔。蓮藕本身是蓮花的莖，因為生長在水中，所以需要有一些管道來運送空氣，那些小洞便是這樣來的。

你知道嗎？

睡蓮跟蓮花的外形很相似，但睡蓮的花瓣較細長，有着特殊的清香。睡蓮的葉子有裂縫，而蓮花的葉子呈圓形，無裂縫。

食物篇

粵 普
粵語 普通話

為什麼栗子的外殼上有刺？

A 因為美觀。

B 用來保護果實。

C 用來吸收空氣中的水分。

選一選，哪個小朋友答得對？

答案B

　　栗子的外殼上像針般的刺是用來保護果實的，它可令昆蟲、動物無法把果實吃掉。

你知道嗎？

　　栗子在九至十月間成熟，烹調方法包括煮、烤、炒等，也可以配在不同的菜餚或糕點裏。

食物篇

為什麼香蕉裏看不見種子？

A

香蕉本來就沒有種子。

B

香蕉種子都落在地上了。

C

香蕉裏的種子很細小，比較難看到。

選一選，哪個小朋友答得對？

　　現在我們吃的香蕉是經過長期的人工選擇和培育後改良過來的。人們在培植過程中改變了香蕉結出種子的本質，令種子變得很小，所以很難看到。

你知道嗎？

　　其實香蕉果肉裏那褐色的小點，就是香蕉的種子，只是它已退化了。

食物篇

為什麼有些葡萄裏是沒有種子的？

A

因為它還沒有完全成熟。

B

葡萄花被特殊的藥水浸着，讓葡萄長不出種子。

C

有些葡萄天生就沒有種子。

選一選，哪個小朋友答得對？

這是由於在種植葡萄的時候，將葡萄花浸入了一些特製的藥水，令它不能長出種子，但不是每一種葡萄都適合這種做法的。

你知道嗎？

葡萄是漿果，它多汁、肉厚。現在世界上有數千種葡萄，有些用來釀葡萄酒，有些則用來做葡萄乾。

粵語 普通話

為什麼草莓上長着一顆顆的東西？

A 這樣草莓看起來更立體，更美觀。

B 它其實是草莓的種子。

C 用來防止昆蟲、鳥類啄食果實。

選一選，哪個小朋友答得對？

答案B

　　草莓上的粒狀東西是它的種子。一般水果的種子都長在水果裏，但草莓的種子卻長在表皮上。

你知道嗎？

　　剛生長出來的草莓是綠色的，吸收陽光後長至成熟，便會變得紅紅的了。

食物篇

 粵 粵語

 普 普通話

為什麼薯條的營養跟馬鈴薯不一樣？

A

炸過的薯條把馬鈴薯原有的營養都降低了。

B

因為薯條看起來沒有馬鈴薯的大。

C

因為吃薯條會沾番茄醬。

選一選，哪個小朋友答得對？ A  B C

答案A

　　薯條是由馬鈴薯切條製成的，由於薯條在烹調過程中經過高溫油炸並加入許多的鹽，因此把馬鈴薯原有的營養都降低了。

你知道嗎？

　　馬鈴薯屬於植物的地下莖，含有豐富的維他命C。在西方國家，馬鈴薯是當地人的主要糧食之一，相當於我們的米飯。

食物篇

鹽是怎樣製造的？

A 用機器生產的。

B 種出來的。

C 從海水中提煉出來的。

選一選，哪個小朋友答得對？

答案C

我們日常食用的鹽是海鹽，它是從海水中提煉出來的。人們會先把海水引入鹽田或曬鹽池，讓太陽把水分蒸發掉，留下的白色顆粒便是鹽，經過加工，便製成可食用的鹽了。

你知道嗎？

鹽對人體非常重要。當身體裏鹽分減少時，人就容易疲倦或生病；但是如果鹽分過多，身體又會失去平衡。所以，成年人每天的鹽分攝取量不應多於 2,000 毫克；7-10 歲的兒童則不應多於 1,000 毫克。

巧克力是怎樣製成的？

用糖和色素加工而成的。

用可可豆製成的。

用糖漿製成的。

選一選，哪個小朋友答得對？

答案 B

　　巧克力是用可可豆製成的，人們先把可可豆烤熟，再攪拌成可可漿，加入牛奶和糖，倒進模子冷凍後，便成了美味的巧克力。

你知道嗎？

　　可可樹生長在南美洲和非洲的熱帶雨林裏，它的樹幹或樹枝上會結出一個個紅色的大果實，每個果實裏有數十顆種子，這些種子就是可可豆了。

為什麼說梨子是秋天的最佳水果？

A

梨子水分多，很滋潤。

B

梨子比其他水果都好吃。

C

在秋天，梨子的產量最高。

選一選，哪個小朋友答得對？

在秋天，我們常會感到咽喉乾燥，而梨子含有大量的水分，味道清甜且有潤喉的作用；而且梨子多在秋天收成，因此說梨子是秋天的最佳水果。

你知道嗎？

梨子有潤喉化痰、清熱解毒等效用。它的食法很多，可以用來製造果汁、做湯和糖水等。

食物篇

為什麼在冬天也可以吃到夏天出產的蔬果？

A

把夏天的蔬果儲藏起來，等到冬天的時候再拿出來吃。

B

用温室栽培的。

C

把夏天的蔬果冰鮮處理。

選一選，哪個小朋友答得對？ A B C

143

答案B

　現在有一些蔬果是由溫室栽培的，在溫室內可以控制適合植物生長的溫度，所以我們在冬天也可以吃到夏天時出產的蔬果。

你知道嗎？

　溫室是用玻璃或透明的塑膠牆建成的，裏面的溫度可以因應所需而加以控制，所以能夠培植任何種類的蔬果。

我問你答幼兒十萬個為什麼（人體健康篇）（修訂版）

編　　者：甄艷慈　方楚卿
繪　　圖：李成宇　野　人
責任編輯：趙慧雅
美術設計：陳雅琳
出　　版：新雅文化事業有限公司
　　　　　香港英皇道499號北角工業大廈18樓
　　　　　電話：（852）2138 7998
　　　　　傳真：（852）2597 4003
　　　　　網址：http://www.sunya.com.hk
　　　　　電郵：marketing@sunya.com.hk
發　　行：香港聯合書刊物流有限公司
　　　　　香港荃灣德士古道220-248號荃灣工業中心16樓
　　　　　電話：（852）2150 2100
　　　　　傳真：（852）2407 3062
　　　　　電郵：info@suplogistics.com.hk
印　　刷：中華商務彩色印刷有限公司
　　　　　香港新界大埔汀麗路36號
版　　次：二〇二〇年五月初版
　　　　　二〇二四年十月第八次印刷

ISBN: 978-962-08-7397-3

鳴謝：
本書部分相片來自 Pixabay (https://pixabay.com/)
本書部分照片由 Shutterstock. (www.shutterstock.com) 許可授權使用：
p.9, p.13, p.29, p.31, p.35, p.37, p.45, p.49, p.55, p.57, p.63, p.65, p.67, p.71,
p.73, p.79, p.81, p.89, p.91, p.97